Réveillons-nous !

PRINCIPAUX OUVRAGES
DU MÊME AUTEUR

LA MÉTHODE

La Nature de la nature (t. I), Seuil, 1977;
coll. « Points Essais », 1981.

La Vie de la vie (t. II), Seuil, 1980;
coll. « Points Essais », 1985.

La Connaissance de la connaissance (t. III), Seuil, 1986;
coll. « Points Essais », 1992.

Les Idées (t. IV), Seuil, 1991;
coll. « Points Essais », 1995.

L'Humanité de l'humanité. L'identité humaine (t. V),
Seuil, 2001; coll. « Points Essais », 2003.

Éthique (t. VI), Seuil, 2004; coll. « Points Essais », 2006.

COMPLEXUS

Science avec conscience, Fayard, 1982;
Seuil, coll. « Points Sciences », 1990.

Sociologie, Fayard, 1984; édition remaniée et complétée,
Seuil, coll. « Points Essais », 1994.

Introduction à la pensée complexe, ESF, 1990;
Seuil, coll. « Points Essais », 2005.

Amour, poésie, sagesse, Seuil, 1997; coll. « Points », 1999.

Connaissance, ignorance, mystère, Fayard, 2017.

Suite des œuvres d'Edgar Morin en fin de volume

Edgar Morin

Réveillons-nous !

DENOËL

No sabemos lo que nos pasa
y es precisamente lo que nos pasa.

« Nous ne savons pas ce qui nous arrive et c'est précisément ce qui nous arrive », écrit José Ortega y Gasset. Quelle est cette ignorance ? Est-ce une myopie à l'égard de tout ce qui dépasse l'immédiat ? Une perception inexacte de la réalité ? Un somnambulisme généralisé ?

Qu'arrive-t-il à la France ? Au monde ?

Essayons d'éveiller nos consciences.

1

Deux France en une

Depuis la Révolution de 1789, deux France se sont succédé ou ont coexisté : la France humaniste et la France réactionnaire. La campagne pour l'élection présidentielle de 2022 montre combien la seconde a aujourd'hui pris le pas sur la première. L'identité même du pays est devenue problème. Or l'histoire nous révèle clairement la nature une et multiple de l'identité française.

La francisation

La France s'est constituée au cours d'une histoire multiséculaire à partir de peuples hétérogènes ayant chacun une langue et une culture. C'est ainsi que, à partir de l'Île-de-France, les Capétiens et leurs successeurs ont agrandi leur royaume avec l'Orléanais, la Normandie, le Languedoc, l'Auvergne, le Dauphiné, l'Alsace, la Lorraine, une partie de la Catalogne et du Pays basque, la Corse et, au XIXe siècle, Nice et la Savoie. Cette francisation de peuples devenant provincialisés, soumis à un État, à une administration, à une langue commune, s'est faite souvent par l'annexion, la violence répressive, voire la guerre (croisade contre les Albigeois signant la soumission du Midi au Nord, dragonnades en Bretagne) ou la purification religieuse (ghettoïsation ou expulsion des juifs, guerre civile subordonnant puis interdisant le protestantisme).

Les royaumes d'Espagne et de Grande-Bretagne, qui se sont formés et développés en même temps, ont eux aussi agrégé et soumis des peuples divers : Castillans, Catalans, Andalous, Galiciens pour l'Espagne ; Normands, Saxons, Écossais et Irlandais pour la Grande-Bretagne. La purification religieuse a également sévi dans tous ces pays : en Espagne avec la conversion des musulmans et des juifs ou leur expulsion en 1492 ; en Grande-Bretagne avec l'acte de suprématie qui subordonna les catholiques aux protestants, puis la répression féroce du catholicisme irlandais par Cromwell ; en France, avec la révocation de l'édit de Nantes en 1685 et l'exil de trois cent mille protestants.

Dans ces nations, monarchies de droit divin, les individus étaient sujets, non citoyens ; ils subissaient des servitudes sans jouir de droits. Mais la France opéra en 1789 une révolution qui, en proclamant les principes de fondation d'une nation humaniste, la différencia de toutes les autres.

La nation humaniste

Après la prise de la Bastille du 14 juillet 1789 qui détruisit symboliquement le pouvoir absolu, la Déclaration des droits de l'homme et du citoyen le 26 août assura l'égalité des droits et la pleine qualité humaine à toute personne, quels que soient son origine ou son statut. Le 4 août 1789, l'abolition des privilèges mit un terme aux pouvoirs et aux avantages de l'aristocratie. Le 14 juillet 1790, à la fête de la Fédération, les représentants des provinces vinrent témoigner de leur adhésion à « la grande nation ». Le 21 septembre 1792, la royauté fut abolie et, le lendemain, la république proclamée. Le 21 juin 1793, le maire de Paris, Jean-Nicolas Pache, fit peindre sur les murs de la maison commune la formule : « La République une et indivisible – Liberté, Égalité, Fraternité ou la mort ».

La Révolution française posa ainsi au principe de la nation un fondement humaniste et universaliste par les droits de l'homme et un fondement démocratique par l'abolition des privilèges et l'instauration, en 1792, du suffrage universel (masculin seulement).

Cette nation ne resta humaniste que pour une courte période. La guerre, menée par les monarchies contre la Révolution, suscita la Terreur, puis l'Empire napoléonien et la Restauration monarchique rétablirent l'autorité du trône et du clergé.

Cependant, à partir de la Révolution, la France devint de façon définitive une patrie, c'est-à-dire une société ressentie par ses citoyens comme une communauté de destin, chacun appartenant à une immense et quasi-famille. Le mot « patrie » porte en lui une composante mythico-affective : il commence par un masculin paternel porteur d'une autorité indiscutable et se termine par un féminin maternel porteur d'amour suprême pour la « mère patrie ». L'expression permet de comprendre toute l'affectivité d'un sentiment qui amplifie à la dimension de la nation le lien filial à ses géniteurs et le sentiment d'appartenance à une communauté. Le mot « patrie » dit l'attachement indéfectible à la nation et le sacrifice volontaire de sa propre vie pour les « siens ».

Une nation est une communauté de destin où s'exalte le patriotisme quand elle est menacée ou en guerre. En temps de paix, le sentiment communautaire s'estompe et la société est livrée à de multiples antagonismes et conflits.

Les guerres de la Révolution ont donné vie au patriotisme, puis les guerres de 1870 et de 1914-1918 l'ont réveillé, excité, exalté… et dégradé en nationalisme.

Le nationalisme déshumanise l'ennemi en temps de guerre et sous-humanise l'étranger en temps de paix. Cependant, comme l'a bien vu Jaurès pour qui le patriotisme et l'internationalisme se trouvent unis, le patriotisme et l'humanisme, qui comportent le souci du destin de l'espèce, sont complémentaires.

Au fil du XIXe siècle, la Restauration a durablement réinstallé la monarchie en France, au sein d'une Sainte-Alliance européenne réactionnaire. Puis, hormis l'éphémère Deuxième République qui adopta la devise « Liberté, Égalité, Fraternité » et abolit l'esclavage, le retour à une France humaniste s'est fait lentement. La Troisième République, proclamée le 4 septembre 1870, porta durant ses premières années le lourd héritage de la répression de la Commune.

Mais la France humaniste reprit de la vigueur, notamment grâce à l'instauration par Jules Ferry de l'école primaire, gratuite, laïque et obligatoire pour les garçons puis pour les filles en 1881-1882 ; ensuite, en 1905, la séparation entre l'Église et l'État instaura la laïcité comme principe national, tandis que, parallèlement, se déroulait l'affaire Dreyfus. Le capitaine, injustement condamné en 1894 et déporté en Guyane, ne fut réhabilité qu'en 1906.

Les deux France

La loi de 1905 et l'affaire Dreyfus ont radicalisé l'opposition entre une France humaniste, républicaine, dreyfusarde, sociale, et une France réactionnaire prônant le retour à la monarchie, le privilège de l'Église catholique, l'expulsion des juifs – en fait la disparition de la France humaniste. Charles Maurras est à la fois le théoricien et le polémiste de cette France réactionnaire. Pour lui, Dreyfus était coupable parce que juif, et la République, surnommée « la gueuse », devait être balayée. La France réactionnaire demeura vivante et active jusqu'en 1914. Son nationalisme antigermanique de revanche s'exaspéra à la veille du conflit mondial et provoqua l'assassinat du leader socialiste pacifiste Jean Jaurès, au café du Croissant à Paris, le 31 juillet 1914, trois jours avant la déclaration de guerre de l'Allemagne à la France.

Le premier conflit mondial, en unissant le gros de la nation dans une hystérie collective et l'ensemble des politiques, socialistes compris, dans l'Union sacrée, atténua l'opposition entre les deux France en une opposition droite/gauche.

Cette opposition domina l'après-guerre jusqu'au début des années 1930. C'est alors que la crise de Wall Street de 1929 devint mondiale et frappa la France. Cette crise économique provoqua de lourdes faillites, un chômage important et d'intenses angoisses et révoltes. Elle suscita l'accession de Hitler au pouvoir dans une Allemagne devenue nazie. Elle ajouta à l'opposition gauche/droite l'opposition communisme/fascisme.

La crise entraîna le réveil de la France réactionnaire qui considéra le fascisme avec sympathie, fut anticommuniste plus par haine des prolétaires que par horreur du stalinisme, dénonça l'emprise des juifs sur la nation, exigea le rejet des « métèques » qu'étaient les immigrants européens d'alors, et eut pour mot d'ordre « la France aux Français ».

La France humaniste embrassa le communisme pour son idéologie fraternitaire, mais en ignorant ou occultant le caractère réel de l'Union soviétique. Elle se révéla impuissante durant la guerre d'Espagne où intervinrent ouvertement l'Italie fasciste et l'Allemagne nazie d'un côté, l'URSS de l'autre, jusqu'à l'échec final de l'Espagne républicaine. Elle accepta la capitulation munichoise pour sauver la paix.

Le désastre militaire de 1940 permit le triomphe de la France réactionnaire dans la défaite nationale avec l'accession du maréchal Pétain au pouvoir. « Travail, Famille, Patrie » remplaça « Liberté, Égalité, Fraternité ». Cependant, la France humaniste allait commencer à renaître clandestinement dans la Résistance et elle s'affirma comme telle dans le programme du CNR adopté le 15 mars 1944, cinq mois avant la Libération de Paris. La France réactionnaire s'effondra avec la défaite de l'Allemagne nazie, à laquelle Vichy s'était de plus en plus lié.

Après la Libération, la droite classique évolua dans l'acceptation des règles démocratiques tout en demeurant la porte-parole du capitalisme.

Les dispositifs de l'État providence assurèrent un compromis entre le capital et le travail. En même temps, le communisme entretint la confusion et la duperie dans la France humaniste. Son idéologie fraternaliste pleinement humaniste camoufla longtemps la réalité totalitaire de l'URSS : le communisme fut une gigantesque espérance dans un gigantesque mensonge. Puis l'accession de De Gaulle au pouvoir en 1958, après le putsch d'Alger, sembla suspecte à de nombreux républicains d'alors, mais, après s'être servi des putschistes, de Gaulle en devint l'ennemi et les écrasa. Un gaullisme de gauche et un gaullisme de droite coexistèrent alors.

Ainsi le communisme et le gaullisme ont-ils pendant près de trente ans brouillé les cartes, jusqu'à ce que se reconstituent à la fois et corrélativement la France humaniste et la France réactionnaire. Cette dernière revint d'abord de façon marginale, vue comme « extrême droite », notamment avec la guerre d'Algérie et l'essor du Front national : elle se définit de plus en plus par l'occultation de la multiculturalité historique proprement française, la fermeture identitaire, le rejet des immigrés, l'anti-arabisme devenant anti-islamisme consécutivement au terrorisme djihadiste.

Les attentats, la crise économique, l'effondrement du mythe du progrès historique, l'incertitude liée au présent et encore plus au futur, puis la polycrise issue de la pandémie ont généré de lourdes angoisses. Dans l'absence de tout grand mouvement politique porteur d'espérance, ces fortes inquiétudes favorisent le repli identitaire, revitalisent les racismes qui se prennent pour des racines, et réveillent un suprématisme dormant hérité de l'ère coloniale.

Le triomphe de la France réactionnaire

L'hégémonie des intellectuels de gauche depuis la Libération (dont beaucoup ont été illusionnés par l'URSS, la Chine ou Cuba et en sont devenus les « illusionneurs ») a fait place à une hégémonie d'intellectuels de droite adoptant les thèmes identitaires. Les médias, progressivement passés aux mains d'oligarques réactionnaires, se sont ouverts aux porte-parole politiques et intellectuels rétrogrades. Les partis de gauche, aile politique de la France humaniste, sont décomposés, voire en miettes. La bipolarisation entre les deux France s'est aggravée, de façon plus radicale encore qu'aux débuts de la Troisième République, mais cette fois en faveur de la France réactionnaire.

Le thème majeur de cette dernière est devenu celui de l'immigration, particulièrement arabe et africaine, considérée comme une invasion effectuant le « grand remplacement » des Français par les Arabes, l'élimination d'une civilisation chrétienne par un Islam obscurantiste.

La droite réactionnaire a trouvé son théoricien--polémiste en la personne d'Éric Zemmour, qui joue aujourd'hui le même rôle qu'un Charles Maurras dans le passé. Il donne à la France réactionnaire sa légitimité historique en éliminant la Révolution de l'histoire de France et en y intégrant Pétain auprès de De Gaulle. (En fait, il y eut sous l'Occupation de nombreux pétaino-gaullistes pour qui le maréchal était le bouclier protecteur et le général, le glaive libérateur.)

En prônant une authenticité française qui serait celle des Français de souche menacés par l'invasion immigrée, Zemmour occulte la réalité polyethnique de la France et, surtout, reprend le pire mythe des nationalismes modernes : la purification ethnique. Car c'est bien la purification ethnique et religieuse qui est devenue la ligne maîtresse de la France réactionnaire, dans son obsession d'éliminer l'immigration arabe, africaine, musulmane.

La purification ethnique et religieuse est une perversion bien ancrée dans l'histoire européenne. Outre le nettoyage religieux que constitua l'expulsion des juifs d'Angleterre, de France, de Hongrie, de régions allemandes, d'Espagne et du Portugal durant le Moyen Âge, la première purification ethnique de l'histoire européenne eut lieu au début du XVIIe siècle avec l'expulsion massive des morisques[1] d'Espagne. La purification ethnique ou

1. Voir le remarquable livre de Rodrigo de Zayas, *Les Morisques et le Racisme d'État*, La Différence, 2017.

ethno-religieuse caractérise la colonisation quasi génocidaire des Amériques et de l'Australie. Au XXe siècle, portée à son paroxysme sous le nazisme, elle a aussi ressuscité dans les nations nées de la désintégration des empires (ottoman, austro-hongrois, soviétique). Ces nouvelles nations se voulant d'une seule identité ethno-religieuse ont cherché à éliminer les minorités ethniques et/ou religieuses subsistantes en leur sein. Ainsi la Turquie a-t-elle exterminé les Arméniens, chassé les Grecs d'Istanbul et d'Asie Mineure, et persécute-t-elle les Kurdes ; ainsi les Grecs ont-ils expulsé les Turcs de Macédoine ; ainsi la Serbie et la Croatie ont-elles procédé chacune à l'épuration ethnique de leurs minorités. Ainsi juifs et chrétiens arabes ou coptes ont-ils subi discriminations, persécutions ou exil des nations arabo-islamiques. Ainsi l'Inde, la Birmanie et la Chine oppriment-elles leurs minorités musulmanes.

Immigration : un « seuil de tolérance » ?

L'immigration pose un problème d'humanité et d'hospitalité : les frontaliers humanitaires qui ont accueilli des migrants ont été poursuivis par la justice pour leur illégale fraternité. L'immigration soulève aussi une interrogation plus ample, autour de ce que Claude Lévi-Strauss appelait le « seuil de tolérance[1] » pour les étrangers. Lévi-Strauss précisait que « le seuil de tolérance n'est pas un concept de droit, mais un constat de fait ».

En termes très généraux, un Système vivant ou social peut ou doit intégrer en lui des éléments extérieurs qui le nourrissent ou l'enrichissent, mais il doit se protéger des éléments qui pourraient altérer son identité, sa stabilité, son fonctionnement. Ainsi nos systèmes immunitaires constituent-ils une gendarmerie raffinée et complexe qui combat et détruit bacilles et virus corrupteurs de nos

1. Claude Lévi-Strauss, *Le Regard éloigné*, Plon, 1983.

organismes. Une petite société archaïque vivant communautairement de chasse, pêche, cueillette, et liée à ses rites et ses croyances, ne peut être que désintégrée par l'introduction brutale d'un dieu étranger, de l'argent, de l'alcool. Bref, l'occidentalisation autant que l'asservissement ont entraîné la décomposition ou la déchéance d'innombrables sociétés dans le monde. Mais quid d'une société comme la France, déjà multiethnique ?

Son seuil de tolérance serait-il démographique ? Bien que sa métropole soit surpeuplée, elle comporte de vastes régions sous-peuplées et des campagnes désertifiées.

Ce seuil serait-il économique ? En dépit du nombre actuel de 3,5 millions de chômeurs sur une population de 67 millions, le pays a des besoins non seulement de main-d'œuvre, mais aussi de médecins et d'ingénieurs, et il ne comptera jamais assez d'artistes, de musiciens, de peintres et de poètes.

En réalité, ce « seuil de tolérance » est psychologique : il est franchi chez celui qui ne peut supporter la vue d'une boucherie halal, qui ne peut tolérer les visages basanés et voit dans un quartier de banlieue comme un microcosme de toute une France arabisée et négrifiée ; chez celui qui ne peut accepter que les « bougnoules » ou les « youpins » soient ses égaux. Le seuil de tolérance est devenu seuil d'intolérance dans la France réactionnaire actuelle.

Il ne s'agit pas de laisser les frontières ouvertes, mais plutôt de réguler les flux migratoires par un accord intereuropéen avec les pays africains, de mettre fin à l'ignoble commerce des passeurs et de secourir les cas désespérés menacés de noyade. Il s'agit également de remplacer les camps sordides, qui rappellent ceux du Récébédou ou de Gurs où l'on parquait les réfugiés espagnols et juifs, par des cités hospitalières pour refugiés. Il s'agit en somme d'opposer une politique humaniste à l'inhumanité tranquille, assumée et parfois forcenée de la France réactionnaire.

2

Une nouvelle ère anthropologique

La France humaniste est en crise. Sa crise n'est pas seulement celle des partis de gauche en ruine, ce n'est pas seulement la crise de la démocratie qui sévit partout dans le monde, ce n'est pas seulement la crise de l'État hyperbureaucratisé et parasité par des lobbies, ce n'est pas seulement la crise d'une société dominée par le pouvoir omniprésent du profit, pas seulement une crise de civilisation, pas seulement une crise de l'humanisme, c'est aussi une crise plus radicale, et aussi plus occultée : une crise de la pensée.

La crise française a ses caractères spécifiques, mais elle participe d'une crise propre à une ère nouvelle pour l'humanité, commencée en août 1945 avec l'anéantissement nucléaire d'Hiroshima et de Nagasaki et dont la perception échappe à la connaissance réductrice, compartimentée, disjonctive qui tient les commandes des esprits.

Peuples, dirigeants, experts, scientifiques, intellectuels n'arrivent pas à intégrer l'individuel, le local, l'immédiat, le national, l'actuel dans leur contexte, celui d'une aventure humaine qui s'est transformée depuis soixante-quinze ans et continue sa transformation vers un avenir inconnu.

L'ère nouvelle

Nous sommes depuis 1492 (date du début de la conquête des Amériques et de la circumnavigation autour du globe) entrés dans l'ère planétaire : toutes les parties du monde deviennent progressivement interdépendantes. Jusqu'à présent, c'est la domination, la guerre et la destruction qui ont été les artisans principaux de cette ère nouvelle. Nous sommes encore à l'âge de fer planétaire.

En juillet 1945, un événement décisif donne à l'ère planétaire un caractère absolument nouveau :

les savants atomistes, à la pointe du progrès scientifique, ont créé l'arme capable d'anéantir l'humanité. Depuis les hécatombes d'Hiroshima et de Nagasaki, la menace s'est accrue et amplifiée : neuf nations se sont dotées de l'arme nucléaire, dont certaines hostiles à d'autres, et ces pays disposent d'un arsenal nucléaire de plus de treize mille bombes. Autant d'épées de Damoclès au-dessus de huit milliards de têtes.

Dès lors, le progrès scientifique révèle sa terrifiante ambiguïté. La science la plus avancée devient productrice de mort pour toute civilisation. La rationalité scientifique révèle une face irrationnelle. Le progrès de la puissance humaine débouche sur l'impuissance humaine à maîtriser sa propre puissance. Mais tout cela est comme anesthésié dans le somnambulisme général de notre vie « au jour le jour ».

Le 1er octobre 1972 s'opère une découverte de portée gigantesque pour la vie de la Terre et la vie de l'Humanité : la crise écologique planétaire. Le rapport du professeur Meadows, intitulé *Les Limites à la croissance*, dévoile les dégradations continues qui affectent tout le monde vivant, y compris humain. La pollution des fleuves et océans, la pollution des villes, la dégradation des sols sous l'effet de l'agriculture industrialisée, la détérioration de l'alimentation, la déforestation, la diminution incessante de la biodiversité, le réchauffement climatique : tout cela affecte de plus en plus gravement les régulations propres aux écosystèmes et à la biosphère.

Un péril écologique global de désastres massifs et multiples est apparu depuis un demi-siècle, sans que les dirigeants et les peuples en prennent conscience. Ses causes sont non seulement dans les énergies polluantes qui prédominent dans nos économies, mais surtout dans le déchaînement techno-industriel pour le rendement et le profit, animé à la fois par la frénésie du capital et la volonté de puissance des États. Ces forces puissantes dominent les esprits humains qui devraient les dominer.

C'est une fois encore le progrès, sous sa forme techno-économique, qui conduit au désastre. L'anthropocène est aussi le thanatocène.

Le transhumanisme

Dans les années 1980 apparaît le transhumanisme, qui remet en question pour la transformer la nature humaine et la nature de la société. Il reprend le mythe que la crise écologique semblait devoir définitivement écarter, celui de la maîtrise de l'homme sur le monde. Le transhumanisme conduit à une métamorphose anthropologique où l'humain deviendrait à la fois métahumain, surhumain et posthumain. En se fondant sur les nouvelles possibilités d'intervention biologique (cellules souches, modification de l'ADN et des télomères, organes artificiels), le transhumanisme prédit une prolongation de la vie humaine sans sénilité. Mais cette prolongation ne peut être infinie et devenir immortalité, car les humains ne pourront éradiquer ni les virus et bactéries, ni les accidents, ni les catastrophes naturelles. La mort peut reculer mais ne saurait être vaincue.

Plus encore : peut-on laisser à des entreprises scientifiques vouées au profit le droit de créer par manipulations génétiques des spécimens post-humains dangereux ? Ces tentatives d'apprentis sorciers pourraient créer des monstres.

Un autre mythe transhumaniste est celui d'une société harmonieusement régulée par l'intelligence artificielle qui expulserait tout désordre. Or l'expulsion du désordre exclut toute initiative, toute créativité. L'ordre impeccable est l'ordre implacable.

Le règne de l'intelligence artificielle sur la société humaine serait celui de *Matrix* : la grande machine anonyme régissant tous les individus. Le danger ne vient pas des robots, mais du risque que les humains deviennent robots.

Toute la philosophie transhumaniste masque le vrai problème de l'humanité, qui n'est pas dans l'augmentation quantitative de ses pouvoirs mais dans l'amélioration qualitative des conditions de vie et des relations humaines. L'enjeu essentiel n'est pas de changer la nature humaine, mais d'en inhiber le pire et d'en favoriser le meilleur. Le transhumanisme escamote la nécessité première de régénérer l'humanisme.

Parallèlement, la vague néolibérale déferle sur le monde dès les années 1980. La mondialisation techno-économique, dite globalisation, s'effectue sous son égide à la fin du XXe siècle. Le néolibéralisme mondialisé n'est autre que la toute-puissance mondialisée du profit. La planète est désormais soumise à cette puissance qui provoque à la fois des catastrophes écologiques et l'asservissement des populations, suscitant de multiples révoltes, toujours réprimées.

Il apparaît donc que l'ère nouvelle unit indissolublement le destin de la Terre, celui de la Vie et celui de l'Humanité en tous domaines. Elle porte en elle à la fois danger mortel et perspective de métamorphose.

Il apparaît également que le moteur principal de ce devenir menaçant est le déchaînement de la puissance produite par la trinité science-technique-économie, de plus en plus animée par la domination insatiable du profit ainsi que par l'énergie implacable des États.

Il apparaît que le progrès apporte son lot de régressions et de désastres.

Il apparaît que l'excès de puissance a créé un excès d'impuissance.

Il apparaît que ces mêmes forces dévastatrices produisent une régression politique et sociale généralisée dans le monde, la crise de la démocratie conduisant à l'instauration d'États néo-autoritaires et/ou dominés par les intérêts financiers.

Pandémie : la crise au cœur de l'humanité

C'est dans ces conditions que surgit la pandémie du Covid-19 qui provoque une crise sanitaire mondiale, laquelle entraîne une prolifération de crises interdépendantes et interagissantes qui affectent la totalité de l'expérience humaine, depuis la santé de l'individu, sa relation à autrui, son travail, sa vie quotidienne, la vie économique, sociale et politique des nations, jusqu'à l'ensemble de notre monde. Cette crise révèle que les interdépendances de la mondialisation techno-économique n'ont apporté aucune solidarité ; elle remet en question les problèmes d'autonomie et de dépendance des nations. En même temps, elle parachève une communauté de destin de l'humanité dans le péril et la menace d'une crise gigantesque commune, sans que pourtant cette communauté de destin soit consciente. Au contraire, les angoisses que suscite l'énorme crise entraînent des repliements identitaires et la mise en accusation de boucs émissaires. Inconscience et somnambulisme règnent.

Nous sommes maintenant au cœur de la crise et la crise est au cœur de l'humanité.

3

Pensée de la crise et crise de la pensée

Qu'est-ce qu'une crise ?

Avant d'essayer de concevoir l'énorme crise que nous vivons, il nous faut élucider la notion même de crise.

Dans un système vivant comme dans une société, toute crise constitue une perturbation qui affecte plus ou moins gravement la stabilité de ce système. Elle provoque la défaillance des régulations qui en inhibent ou refoulent les déviances (feed-back négatif). Si elles cessent d'être refoulées et se développent, les déviances deviennent des tendances de plus en plus puissantes qui menacent de plus en plus profondément l'organisation du système en crise. Dans les systèmes physiques, le développement des déviances constitue un feedback positif qui ruine ou désintègre le système. Dans les systèmes vivants et surtout sociaux, le développement de tendances de plus en plus offensives conduit à des transformations, régressives ou progressives, voire à des révolutions.

Quand la crise se résout par la victoire des ex-déviants, ceux-ci peuvent soit créer un nouveau système, soit apporter dans l'ancien leur propre dispositif de régulation, devenant eux-mêmes normatifs et chassant comme déviants ou dissidents les ex-maîtres ou contrôleurs du système déchu.

Ainsi les déviances désorganisatrices d'un système peuvent devenir organisatrices d'un système transformé. La crise peut se résoudre de façon réactionnaire, conservatrice, réformatrice ou révolutionnaire. Elle peut également combiner une synthèse de l'ancien et du nouveau.

Le propre des sociétés modernes est de ne pas offrir stabilité et fixité à leurs régulations. Dans les sociétés en évolution, celles-ci sont notamment inséparables de la croissance économique continue. La croissance constitue la régulation même des sociétés modernes dites en développement. Or, nous le savons, c'est la croissance techno-économique qui, au-delà d'un seuil acceptable depuis longtemps dépassé, a provoqué la gigantesque crise écologique de la biosphère et de l'anthroposphère – caractère essentiel de la crise de l'humanité.

À l'inverse, toute interruption de la croissance, celle-ci étant le régulateur des sociétés en développement, provoque une crise pouvant atteindre une extrême gravité, comme ce fut le cas avec celle de 1929, qui amena l'hitlérisme puis la guerre.

Ainsi, il nous faudrait aujourd'hui paradoxalement arrêter la croissance pour sauver la planète et soutenir la croissance pour sauver la régulation des sociétés modernes. La plupart de nos responsables, incapables d'affronter cette contradiction, oublient l'intérêt général à long terme, qui est planétaire, pour se concentrer sur leurs intérêts particuliers immédiats, liés à la croissance économique.

Comme nous le verrons, le dépassement de cette contradiction ne peut venir que d'une politique assurant la décroissance de tout ce qui pollue et détruit, et la croissance de tout ce qui sauvegarde et régénère.

La crise de la pensée

Cette complexité, où croissance et décroissance deviennent inséparables, est d'autant plus invisible qu'experts, économistes, techniciens, politiques, universitaires, intellectuels sont convaincus de disposer des moyens de connaissance adéquats. Les spécialistes invalident toute connaissance globale, considérée comme superficielle. Les économistes et techniciens trouvent certitude et complétude dans leurs calculs.

Plus profondément, l'invisibilité de la crise de la pensée tient à la séparation et à la compartimentation des connaissances, dont la conjonction est considérée comme impossible, ce qui rend unilatérales, partielles et partiales toutes considérations portant sur la société, l'histoire et les crises elles-mêmes. L'aveuglement face à la crise en cours tient à la conception linéaire et quasi mécaniste du devenir, à la croyance que le futur est prédictible, à l'ignorance du travail souterrain à l'œuvre sous la surface du présent. En se fiant au calcul, on anesthésie sans cesse l'imprévu, lequel ignore le non calculable de nos vies et de nos sentiments.

Enfin, toute crise nous confronte à l'incertitude qui caractérise son déroulement, sa progression, sa régression, sa solution. Nous ne pouvons échapper aux incertitudes, mais nous pouvons élaborer et mettre en pratique des stratégies qui nous permettent de les affronter à partir de connaissances ou d'informations fiables, et qui soient flexibles pour s'adapter aux aléas. Selon une de mes maximes favorites, la connaissance est une navigation dans un océan d'incertitudes, où l'on peut se ravitailler sur des îles ou archipels de certitudes. Une fois encore, il s'agit de penser simultanément la nature de la crise et la stratégie qui conduira à sa solution, ce qui nécessite de remédier à la crise de la pensée.

Toute crise produit à la fois lucidité et aveuglement, recherche des causes et des responsabilités, en même temps que recherche d'un coupable à immoler comme bouc émissaire. Elle suscite imagination créatrice et imaginaire réactionnaire, pilotes sauveurs et pilotes naufrageurs. Le souhait d'en sortir se manifeste de façon multiple, aussi bien pour ceux qui rêvent au retour d'un passé rétrospectivement perçu comme normal et tranquille que pour ceux qui imaginent un avenir salvateur.

Nombreux sont ces derniers qui réfléchissent, écrivent, envisagent des réformes ; les propositions et projets pullulent comme feux d'artifices, mais, comme feux d'artifices, retombent dans la dispersion et l'obscurité. Parmi ces propositions, il y a notre livre *Changeons de voie*, écrit en collaboration avec Sabah Abouessalam, stimulé justement par la crise, qui a eu certes des échos citoyens, mais n'a nullement pénétré les politiques.

Les symptômes de la crise pandémique sont évidents : périls sanitaires, contraintes subies dans la vie quotidienne, difficultés économiques, pénuries. Mais si l'on appréhende les caractères sociologiques, économiques, voire psychologiques de la crise, l'on ne conçoit nullement son caractère anthropologique, propre au tournant de l'aventure humaine que nous vivons, pas plus que l'accumulation des périls qui menacent notre futur.

La crise survenant dans la phase régressive de l'évolution propre à ce siècle, et étant donné que le probable n'est pas certain, nos espoirs en une issue salutaire sont présentement improbables.

Si l'on a pu espérer que la crise susciterait une prise de conscience qui amènerait à un changement de voie, nous comprenons désormais qu'elle contribue au contraire à la régression : les mesures de contrôle et de surveillance des populations, officiellement justifiées par des raisons sanitaires, constituent en même temps les premiers échafaudages d'une société de surveillance et de soumission.

Ce danger, si la régression continue, va devenir universel. Toute vie individuelle peut aujourd'hui être surveillée par drone et satellite, contrôlée par reconnaissance faciale, toute vie privée peut être violée à partir des écoutes de téléphones portables et du piratage de nos données personnelles. Le *1984* d'Orwell est devenu réalité en Chine, premier modèle concret du contrôle totalitaire des individus et des groupes dans une société de soumission. Le parti unique en Chine a créé et dirige cette société de soumission, mais ailleurs il n'est pas besoin de parti unique ; il n'est besoin que de la dégradation et de la décomposition des partis pour qu'un État réactionnaire puisse implanter sans entraves une société de surveillance.

La mutation anthropologique

Une fois encore, le progrès technique engendre en même temps une formidable transformation et une formidable régression. Il ouvre la possibilité de deux métamorphoses et celle d'un désastre généralisé.

La première métamorphose, celle du transhumanisme, tend à produire une sur-humanité dotée de pouvoirs nouveaux sur elle-même et sur le monde, et une super-société dans laquelle le transhumanisme voit l'harmonie mais que nous voyons comme une société-machine.

La seconde métamorphose vouerait le progrès scientifique, technique et économique à l'amélioration de la condition humaine et des relations entre humains, à l'avènement d'une Terre-patrie humaniste dans sa nature même. Cette métamorphose a commencé, mais elle peut être contrariée par les régressions, les désastres, le transhumanisme. C'est la métamorphose humaniste, mondiale mais très lente, commencée avec l'abolition de l'esclavage, continuée avec les décolonisations et qui, malgré les abjects racismes et suprématismes, malgré le sectarisme au sein même des mouvements d'émancipation, tend à reconnaître la pleine humanité de toute personne. En même temps, la métamorphose a commencé dans la relation homme/femme depuis les Suffragettes de la fin du XIXe siècle jusqu'aux grands mouvements féministes et le #MeToo d'aujourd'hui, et elle tend à une réforme anthropologique capitale. Elle a également commencé avec les innombrables associations et mouvements de solidarité qui se heurtent toujours aux égoïsmes et aux compartimentations sociales. Elle a commencé avec l'extension de la culture au-delà des castes supérieures et dont les grandes œuvres de Montaigne, Shakespeare, Goethe, Tolstoï, Dostoïevski permettent de regarder en face la condition humaine. Elle a commencé dans les sciences microphysiques, cosmophysiques, biologiques et humaines, où le rationalisme étroit du déterminisme dépérit au profit d'une rationalité ouverte qui reconnaît les complexités. Elle pourrait se continuer avec une grande réforme de l'Éducation qui généraliserait une réforme de la pensée.

De toute façon, l'ère nouvelle apporte déjà les débuts incertains et ambigus d'une révolution anthropologique affectant la condition humaine sur la Terre, dans son rapport avec la mort, la vie, le monde et la relation entre humains eux-mêmes.

Ainsi, la crise de l'humanité, qui est à la fois thanatologique (portant en elle une menace de mort), écologique, économique, civilisationnelle, historique, est pour toutes ces raisons conjuguées une crise anthropologique portant sur la nature et le destin de la condition humaine.

4

Revenir à notre Terre

Ainsi, l'ère nouvelle se manifeste à la fois par des progrès matériels formidables et des périls mortels dus à ces progrès. Un tel lien est évidemment incompréhensible aux esprits unilatéraux.

Cette ère nouvelle est marquée par des incertitudes en chaîne sur le présent et l'avenir. Nous sommes contraints à une navigation dans l'incertain, ce qui signifie le renoncement à toute conception linéaire de l'histoire. L'action de gouverner est une action « au gouvernail », l'art de diriger est un art de *se* diriger dans des conditions incertaines qui sont devenues dramatiques. Le principe premier de l'écologie de l'action nous dit que tout acte échappe aux intentions de l'acteur pour entrer dans le jeu des inter-rétroactions du milieu, et l'acteur peut déclencher le contraire de l'effet souhaité.

L'ère nouvelle nous contraint, comme l'écrit Bruno Latour, à « atterrir », c'est-à-dire à nous centrer sur notre Terre, Terre de la vie et Terre des hommes, inséparablement. Par là, nous sommes invités à une prise de conscience permanente de la communauté de destin du genre humain, qui est en même temps une communauté de péril.

La planète est en détresse : la crise affecte l'humanité entière, entraîne partout des ruptures, fait craquer les articulations, rallume les guerres, détermine les replis particularistes ; la vision globale et le sens de l'intérêt général sont ignorés. Civiliser la Terre, transformer l'espèce humaine en humanité devient l'objectif fondamental et global de toute politique aspirant non seulement à un progrès, mais à la survie de l'humanité.

Grandeur et faiblesse de l'esprit humain

Tout ce qui se joue dans l'économie, dans la politique, dans l'action, dans la société se joue fondamentalement et préliminairement dans l'esprit humain[1].

L'esprit humain a surdéveloppé ses pouvoirs sur le monde physique et sur le monde vivant, mais sous-développé ses pouvoirs sur tout ce qui est humain.

Nous croyons posséder les recettes du développement alors que nous sommes possédés par un mythe techno-économique.

Nous poursuivons le rêve de maîtrise alors que, comme le disait Michel Serres, il s'agit maintenant

1. *Fondation*, l'admirable livre de science-fiction d'Isaac Asimov, illustre bien le problème. La civilisation du futur a pu fonder un empire d'innombrables planètes en une confédération qu'elle contrôle. Or ses plus hautes autorités scientifiques savent qu'elle est vouée à une décadence irréversible, qui advient effectivement. Mais les scientifiques ont secrètement créé sur une planète voisine une autre fondation où sont développés non plus les pouvoirs matériels mais les pouvoirs psychiques. Et cette seconde fondation va survivre.

de maîtriser la maîtrise. Le progrès matériel ne fait pas qu'occulter les catastrophes, il les prépare.

Nous pouvons anesthésier des douleurs physiques, endormir par des drogues des douleurs psychiques, cela nous rendra dépendants des anesthésiques et des drogues.

Nous ne serons jamais maîtres du chagrin et de la mort.

Pascal avait raison : les grandeurs de l'homme ne doivent pas occulter ses infirmités, ses forces ne suppriment pas ses faiblesses et comportent elles-mêmes une immense faiblesse. La puissance sans conscience fait de nous des impuissants. Puissance sans conscience n'est que ruine de l'âme.

Notre éducation nous a inculqué un mode de pensée incapable de relier les connaissances pour affronter les complexités de nos vies, de nos sociétés, de notre histoire, de notre temps. Les conceptions unilatérales, donc partielles, dominent les esprits. Alors que sans cesse l'inattendu arrive, il est rapidement anesthésié. On est incapables de concevoir les ambivalences, les ambiguïtés et les contradictions des progrès scientifiques, techniques et économiques que notre logique, et par conséquent notre rationalité restreinte, occulte. La connaissance par le calcul (statistiques, sondages, taux de croissance, PIB), au lieu d'être auxiliaire, est devenue prépondérante. L'innovation technique – de l'intelligence artificielle aux manipulations génétiques – est toujours vue comme une solution alors qu'elle est en même temps problème. La science, oracle de la modernité, est incertaine et partiellement parasitée par les pouvoirs d'argent. Et quand nous dénonçons les puissants de la finance, nous devrions voir qu'ils sont eux-mêmes mus par une puissance anonyme supérieure : une démesure insensée a pris possession des possédants.

La réforme de la pensée

La pensée hégémonique se fonde sur une conception de la rationalité limitée à la logique aristotélicienne, qui croit en son adéquation absolue à la réalité et exclut toute contradiction comme absurdité. Elle obéit au paradigme qui impose de voir l'univers en objets isolés de leur contexte ou en éléments séparés les uns des autres.

La réforme de la pensée appelle donc une révolution paradigmatique. Il s'agit de remplacer les principes qui engendrent des pensées simplificatrices, unilatérales, partielles et évidemment partiales, par des principes qui permettent à la fois de reconnaître, de distinguer et de réunir des antagonismes complémentaires. Une réforme de l'Éducation souhaitable enseignerait et détaillerait ces sources d'erreurs et d'illusions de la connaissance. Le séparé est aussi l'inséparable, le continu est aussi le discontinu.

Car l'univers, la vie, l'humain obéissent non à un déterminisme mécaniste, mais à une dialectique d'ordre/désordre/organisation/désorganisation, comportant aléas et bifurcations, créations et destructions.

La situation de l'homme dans le monde s'est davantage modifiée dans les cinquante dernières années qu'entre le XVIe et le début du XXe siècle. Le Soleil est devenu un astre lilliputien parmi des milliards d'autres dans un univers en expansion ; la Terre est perdue dans le cosmos ; c'est une petite planète de vie tiède dans un espace glacé où des astres se consument avec une violence inouïe et où des trous noirs s'autodévorent. C'est sur cette petite planète seulement qu'il y a, à notre connaissance, une vie et une pensée consciente. C'est la maison commune à la vie et à l'humanité.

Il s'agit de reconnaître notre lien consubstantiel avec la biosphère et d'aménager à la fois la nature et la société. Il s'agit d'abandonner le rêve prométhéen de la maîtrise de l'univers pour aspirer à la convivialité sur Terre.

En même temps, tout en comprenant à quels besoins correspond l'idée de nation, il nous faut non plus opposer l'universel aux patries, mais lier concentriquement nos patries, familiales, régionales, nationales, européennes, et les intégrer dans l'univers concret de la patrie terrienne.

Les idées d'autonomie et de liberté étaient inconcevables dans l'ancienne représentation déterministe. Aujourd'hui, nous pouvons reconnaître de façon scientifique l'autonomie, tout en sachant qu'elle est toujours dépendante de son environnement, nous pouvons concevoir l'auto-organisation et l'autoproduction, et nous pouvons comprendre que l'individu comme la société humaine sont des machines non triviales, capables d'actes inattendus et créateurs.

Nous devrions savoir que l'histoire ne progresse pas de façon linéaire mais par déviances qui se fortifient et deviennent tendances, qu'elle est à la fois rationnelle et démente, marxienne et shakespearienne.

Nous devrions savoir non seulement que tout progrès gagné est fragile, mais aussi que le progrès technoscientifique peut être l'instrument des barbaries et peut conduire aux régressions et aux désastres.

Nous devrions savoir que la réalité humaine est trinitaire : individu-société-espèce ; nous devons rompre avec la conception surnaturelle, héritée de la Bible, de l'homme fait à l'image de Dieu, avec la conception du christianisme et de l'islam qui lui offrent la résurrection, et avec celle de Descartes qui le fait « maître et possesseur de la nature ». Ce mythe prométhéen a animé le cours de l'histoire occidentale désormais mondialisée et devenue course vers l'abîme.

L'humain est à la fois biologique et culturel, il appartient aussi à la nature qu'il veut dominer et à la vie qu'il veut asservir.

Nous devrions savoir aussi que tout ce qui est humain est bipolarisé selon des notions apparemment antinomiques : *Homo* est à la fois *sapiens* et *demens*, *faber* et *mythologicus*, *economicus* mû par l'intérêt et *ludens* mû par le jeu et la gratuité. Sa raison peut se mettre au service de sa folie comme dans la guerre et le génocide, sa technique peut se mettre au service de ses mythologies en armant ses croisades et ses djihads, en édifiant les temples de ses religions et en perpétuant le mythe de la conquête du monde. L'humain est un être instable et versatile, vivant de contradictions, capable du meilleur et du pire, devant contrôler sans cesse ses passions par sa raison, et réchauffer sans cesse sa raison par ses passions.

Alors, alors seulement avec une pensée réformée, nous pouvons concevoir pour la France une politique pleinement humaniste de salut public, et plus amplement une nouvelle voie pour l'humanité.

Une politique pleinement humaniste

Le Comité de salut public fut créé par le gouvernement révolutionnaire en 1793 pour faire face aux périls mortels que courait la République. Nous ne songeons nullement imiter ce précédent qui créa la Terreur. Nous avons besoin aujourd'hui de ressusciter la notion de salut public qui rassemblerait les bonnes volontés de la France humaniste pour faire face aux périls mortels qui s'accumulent autour de la France, de l'Europe, de l'humanité.

Les périls nécessitent une nouvelle politique qui intègre en elle l'écologie, dont la portée est à la fois capitale et multidimensionnelle, c'est-à-dire qu'elle concerne tous les aspects politiques, sociaux, techniques et scientifiques.

C'est une politique de l'énergie qui substituerait le plus rapidement possible les énergies propres (solaire, éolienne, marémotrice, géothermique) aux énergies polluantes, essence et charbon.

C'est une politique de l'eau qui dépolluerait rivières, fleuves et océans.

C'est une politique de la ville qui purifierait l'air des grandes agglomérations en favorisant zones piétonnes, transports publics électriques, bicyclette, et développerait des écoquartiers conviviaux.

C'est une politique des campagnes qui ferait régresser l'agriculture industrialisée qui stérilise les sols, standardise des produits sous-vitaminés, insipides et porteurs de pesticides, de même que l'élevage industrialisé qui concentre dans les plus ignobles conditions des millions de poules, cochons et bœufs. Cette politique favoriserait le retour de l'agriculture fermière et les progrès de l'agroécologie. Elle ranimerait la vie des bourgs et des villages en rétablissant bistrots, épiceries, bureaux de poste, dispensaires.

C'est une politique économique assurant la régression continue de l'omnipotence du profit par la redistribution des ressources grâce aux progrès de l'économie sociale et solidaire, de l'agriculture saine, de l'alimentation locale et salubre, de la consommation délivrée de l'emprise de la publicité.

C'est une politique de la production qui favoriserait la croissance des produits utiles et nécessaires aux personnes ainsi qu'à l'autonomie vitale de la nation, et la décroissance des productions superflues ou à valeur illusoire.

C'est une politique de solidarité qui contrôlerait le développement techno-économique et soutiendrait les enveloppements solidaires ; qui instituerait un service civique d'aide aux victimes et aux deshérités et des maisons locales de solidarité en toutes régions.

C'est une politique de l'Éducation qui donnerait un nouveau souffle à la laïcité et rendrait aux enseignants leur grande mission humaniste. Une politique qui viserait à la formation d'esprits interrogatifs, capables de problématiser et de douter, d'autocritiquer et de critiquer. Une politique qui réformerait les programmes en y intégrant les thèmes permettant de comprendre et d'affronter nos problèmes vitaux.

C'est une politique de réforme de l'État par la

débureaucratisation et l'évincement des lobbies privés parasitaires.

C'est une politique de civilisation qui remédierait aux aspects négatifs sans cesse accrus de notre civilisation. Car le développement urbain n'a pas seulement apporté l'épanouissement individuel, la liberté et les loisirs. Il a aussi généré une atomisation consécutive à la perte des anciennes solidarités et une servitude à des contraintes organisationnelles proprement modernes. Le développement capitaliste a entraîné la marchandisation généralisée, y compris là où régnait le don, le service gratuit, les biens communs non monétaires, détruisant ainsi de nombreux tissus de convivialité.

La technique a imposé, dans des secteurs de plus en plus étendus de la vie humaine, la logique de la machine artificielle qui est mécanique, déterministe, spécialisée, chronométrée (le métro-boulot-dodo). Les sergents de ville ont été remplacés par des signaux lumineux, les concierges par des interphones, les guichetiers par des distributeurs de billets, les caissières par des automates, les voix humaines par des répondeurs vocaux.

Le développement industriel apporte, en même temps que l'élévation des niveaux de vie, des abaissements des qualités de vie.

La politique de civilisation vise à ré-humaniser et à re-convivialiser nos existences. Elle vise à développer l'autonomie individuelle, la responsabilité, la liberté, et à lutter contre l'égoïsme. Cette politique de civilisation humaniserait les administrations, humaniserait les techniques, défendrait et développerait les convivialités et les solidarités. Elle serait une politique de la reconnaissance de la pleine humanité d'autrui.

C'est une politique pleinement humaniste.

Terre !

Est-il possible d'envisager, dans cette perspective, une politique de l'humanité qui aurait pour tâche de poursuivre et de développer le processus de l'hominisation dans le sens d'une amélioration des relations entre humains, d'une amélioration des sociétés humaines et d'une amélioration des relations entre les hommes et leur planète ?

Nous ne pourrons éliminer le malheur ni la mort, mais nous pouvons aspirer à un progrès dans les relations entre humains, individus, groupes, ethnies, nations. Le renoncement au meilleur des mondes n'est nullement le renoncement à un monde meilleur.

Le propre de ce qui est humain est l'*Unitas multiplex* : l'unité génétique, cérébrale, intellectuelle, affective d'*Homo sapiens demens* qui exprime ses virtualités innombrables à travers la diversité des cultures. La diversité humaine est le trésor de l'unité humaine, laquelle est le trésor de la diversité humaine. De même qu'il faut établir une communication vivante et permanente entre passé, présent et futur, il faut établir une communication vivante et permanente entre les singularités culturelles, ethniques, nationales et l'univers concret d'une Terre-patrie de tous.

Sauver la planète menacée par notre développement économique. Réguler et contrôler le développement technique. Assurer un développement humain. Civiliser la Terre. Voilà des perspectives grandioses aptes à mobiliser les énergies.

Nous savons que ces propositions, bien que réalisables techniquement, sont empêchées par les conflits virulents et par les régressions actuelles. Nous savons même que la résistance à la dégradation généralisée de la biosphère et de l'anthroposphère est à peine ébauchée. Nous constatons la puissance des forces régressives et la continuation de la course vers l'abîme.

Il nous reste pourtant des principes d'espérance.

Le premier est de miser sur l'improbable. Les processus majeurs conduisent à la régression ou à la destruction, mais celles-ci ne sont que probables. L'espérance est dans l'improbable. Comme souvent dans les moments dramatiques de l'histoire, les grands événements salvateurs ont été inattendus : la victoire d'Athènes sur les Perses en 490-480 avant notre ère et la naissance de la démocratie ; la survie de la France sous Charles VII grâce à la Pucelle d'Orléans, Jeanne d'Arc ; la résistance de Moscou qui sauva l'URSS en décembre 1941 puis Stalingrad qui anéantit l'armée de Paulus en janvier 1943 ; la démocratisation de l'Espagne par l'héritier de Franco ; l'effondrement de l'Empire soviétique en 1989 sous l'impulsion de son dirigeant Mikhaïl Gorbatchev.

Le deuxième principe d'espérance se fonde sur les possibilités et la créativité de l'esprit humain. Les capacités cérébrales de l'être humain sont en très grande partie inexploitées. Nous sommes encore dans la préhistoire de l'esprit humain. Ses possibilités sont incommensurables, non seulement pour le pire, mais aussi pour le meilleur. Nous savons comment détruire la planète, nous avons aussi la possibilité de l'aménager.

Le troisième principe d'espérance se fonde sur l'impossibilité de durer à l'infini pour tout système qui transformerait la société et les individus en machines. Toute machine prétendument parfaite comportera toujours des défaillances qui l'ankyloseront, voire la disloqueront. Et l'ordre le plus total et le plus implacable ne pourra échapper, tôt ou tard, au deuxième principe de la thermodynamique : l'inexorable désintégration.

La nouvelle politique humaniste de salut public est le grand projet qui peut réveiller les esprits accablés ou résignés. Ce n'est plus l'espérance apocalyptique de la lutte finale. C'est l'espérance courageuse de la lutte initiale : elle nécessite de restaurer une conception, une vision du monde, un savoir articulé, une éthique, une politique. Elle doit animer non seulement une résistance préliminaire contre les forces gigantesques de barbarie qui se déchaînent, mais aussi un projet de salut terrestre. Ceux qui relèveront le défi viendront de divers horizons, peu importe sous quelle étiquette. Ils seront les redresseurs de l'espérance.

REMERCIEMENTS

Je remercie ma compagne et épouse Sabah, qui a eu l'idée de cet appel au réveil des consciences, m'a incité à l'écrire et a accompagné ce travail de ses suggestions pertinentes et de sa lecture critique.

Je remercie Dorothée Cunéo, qui m'a incité, stimulé, encouragé, critiqué depuis l'idée de ce livre jusqu'à son aboutissement sur papier.

Merci aussi à l'équipe Denoël, toujours présente et active.

Table

ANTHROPO-SOCIOLOGIE

L'Homme et la Mort, Seuil, 1951 ;
coll. « Points », 1977.

Le Cinéma ou l'Homme imaginaire, Minuit, 1956 ;
coll. « Arguments », 1978.

Le Paradigme perdu : la nature humaine, Seuil, 1973 ;
coll. « Points Sciences humaines », 1979.

NOTRE TEMPS

Les Stars, Seuil, 1957 ; coll. « Points Civilisation », 1972.

L'Esprit du temps, Grasset, 1962 ;
Le Livre de Poche, coll. « Biblio essais », 1983.

Commune en France : la métamorphose de Plodémet,
Fayard, 1967 ; Le Livre de Poche,
coll. « Biblio essais », 1984.

Mai 68, la brèche (en collaboration avec Cornelius
Castoriadis et Claude Lefort), Fayard, 1968 ; nouvelle
édition suivie de *Vingt ans après*,
Éditions Complexe, 1988.

La Rumeur d'Orléans, Seuil, 1969 ; édition complétée
avec *La Rumeur d'Amiens*, Seuil, 1973 ;
coll. « Points », 1982.

Pour sortir du XXe siècle, Nathan, 1981 ;
Seuil, coll. « Points Anthropologie », 1984.

De la nature de l'URSS, Fayard, 1983.

Penser l'Europe, Gallimard, 1987 ;
nouvelle édition complétée, Folio, 1990.

Terre-Patrie (en collaboration avec Anne-Brigitte Kern),
Seuil, 1993 ; coll. « Points », 1996.

Changeons de voie (en collaboration
avec Sabah Abouessalam), Denoël, 2020 ;
Flammarion, coll. « Champs », 2021.

POLITIQUE

Politique de civilisation, Arléa, 1997.

La Voie, Fayard, 2011.

Le Chemin de l'espérance (avec Stéphane Hessel),
Fayard, 2011.

ENSEIGNEMENT

La Tête bien faite, Seuil, 1999.

*Le Défi du XXI*e *siècle : relier les connaissances*,
Seuil, 1999.

Les Sept Savoirs nécessaires à l'éducation du futur,
Unesco-Seuil, 2000.

Enseigner à vivre, Actes Sud, 2014

VIE ET DESTIN

Autocritique, Julliard, 1959 ;
Seuil, 1991, nouvelle édition, 1994.

Le Vif du sujet, Seuil, 1969 ; coll. « Points Essais », 1982.

Journal de Californie, Seuil, 1970 ;
coll. « Points Essais », 1983.

Vidal et les siens (en collaboration avec
Véronique Grappe-Nahoum et Haïm Vidal Sephiha),
Seuil, 1989 ; coll. « Points », 1996.

Mes démons, Stock, 1994 ; Seuil, coll. « Points », 1998.

Mon chemin, Fayard, 2008 ; Seuil,
coll. « Points Essais », 2011.

Les souvenirs viennent à ma rencontre, Fayard, 2019 ;
Fayard, coll. « Pluriel », 2021.

Leçons d'un siècle de vie, Denoël, 2021.

Composition : Utibi.
Achevé d'imprimer par Normandie Roto Impression s.a.s.
à 61250 Lonrai , en février 2022.
Dépôt légal : février 2022.
N°d'impression : 2200409

ISBN 978-2-207-16525-6 / Imprimé en France

434438